GABRIELLE "COCO" CHANEL

ガブリエル・ココ・シャネル

生まれた日：1883年8月19日
亡くなった日：1971年1月10日
生み出したもの：20世紀の女性のためのワードローブ
功績：女性の体を窮屈なドレスから解放

フランスの田舎町ソーミュールの、決して裕福とは言えない家庭に生まれたガブリエル・ココ・シャネル。世界で最も成功した女性の1人である。

彼女の華々しい成功の陰には不運な悲劇と孤独があった。

19世紀的な価値観を破壊させるかのように、新しいファッションを打ち出した彼女は「皆殺しの天使」と称されるほどであった。

慎みのあるエレガンスが特徴のスタイルで、それまで男性優位だったオートクチュール界に革命を起こす。

「シンプルなデザインへの転換。それこそが新たな時代の女性の役割を広げる」と直感し、その信念を貫き通した。

美貌に加えてユニークな個性で知られていたシャネルは、人生で与えられた機会をことごとくつかみ取った。不遇な生い立ちでさえ、強みに変えてしまったように、ファッションの未来をも作り変えた。

シャネルは、生涯を通し仕事に熱中した。

結婚もせず家族も持たなかったため、孤独な晩年をすごす事となる。

ファッション界で成功し続け、富と名声を手にした陰には、愛し愛される恋人や友人の存在が常にあった。

AUBAZINE ABBEY

オバジーヌ修道院

設立：1134年

場所：フランス南部中央、コレーズ

要点：シャネルにロゴマークを生み出すインスピレーションを与えた建物

シャネルの母親が32歳という若さで、5人の子供を遺して亡くなったあと、行商人をしていた父親アルベール・シャネルは、息子たちを農家の養子にし、娘たちを孤児院に置き去りにした。

孤児院のあったオバジーヌ修道院は、12世紀に建設された典型的なロマネスク様式で無駄な飾りがいっさいない。ここですごした日々が、後のシャネルに大きな影響を与えることになった（だが、彼女はこの建物を「孤児院」という言葉で表現することは一度もなかった）。

シャネルのデザインの多くに、この修道院の厳格な雰囲気と孤児たちが着せられていたシンプルな

制服の影響が色濃く感じられる。特に、ステンドグラスがシャネルのロゴマークに、また複雑なモザイク柄の床が星型や十字型のジュエリーに影響を与えたといわれている。

その後、シャネルのデザインに繰り返し登場するブラック＆ホワイトの組み合わせやロングパールネックレス、彼女のお気に入りのチェーンは、このとき目にしていた白黒の修道服、ビーズのロザリオやチェーンベルトがモチーフとなっていた。

1929年、フランス南部の邸宅を建築する際、建築家にこの修道院を訪れさせ、印象的な階段をデザインに取り入れたいと主張した。

このエピソードからも、オバジーヌ修道院が少女時代の彼女にいかに大きな影響を与えていたかがうかがえる。

CABARET
キャバレー

年代：1902年
場所：ムーランにある野外パビリオン
要点：〝ココ〟という愛称が生まれた場所

幼い頃からシャネルは自分の人生で何かを成し遂げようと決めていた。
母を亡くし、父から捨てられた不遇な少女時代の境遇をはねのけるかのように、周囲からの注目と
愛情を集めることを切望した。
早い時期からパフォーマーを目指し、いつかは舞台で踊って歌えるようになりたいと夢見た。20歳
になる頃、パリから約240キロ離れた騎兵隊の駐屯地ムーランのキャバレー〈ラ・ロトンド〉で舞
台デビューを果たす。

さほど美声ではなく、最初はスターたちの演技の合間をつなぐ端役の1人にすぎなかったが、シャネルはしだいに人気を博し、若くて裕福な士官たちから帽子いっぱいの投げ銭を集めるようになる。

ただし、持ち歌は2曲だけ。大好きな子犬ココを見失ってしまったパリのレディの歌『トロカデロでココを見たのは誰?』と『コ・コ・リ・コ』だ。

それでも、きらきらと輝く瞳に茶目っ気たっぷりの表情で観客をすっかり魅了し、彼らはいつしか大声で「ココ、ココ」と喝采を送るようになった。客としてやってきていた裕福な紳士たちの中にいたのが、このあとシャネルの成功を手助けする事になるエティエンヌ・バルサンだ。

ココというニックネームは、彼女の生涯を通じて使われ、後にダブルCのロゴや香水の名前にもなる「ココ・シャネル」は、こうして生まれる事になった。

THE EQUESTRIENNE
女性騎手

年代：1905年

場所：ロワイヤリュ城

**要点：シャネルが男性ファッションを取り入れた
きっかけは乗馬**

エティエンヌ・バルサンは女性と馬をこよなく愛する男だった。

シャネルは20代、彼が住むロワイヤリュ城に引っ越し、一緒に暮らすようになる。

彼女のお気に入りは、エティエンヌが育てているサラブレッドたちに囲まれながら、1人馬屋ですごすひとときだった。馬屋の少年たちとすごし、ラクロワ＝サン＝トゥーアンにある仕立屋でオーダーした乗馬ズボンとツイードの上着を颯爽と着こなし、毎日乗馬を楽しむうちに、シャネルの腕前は

完璧に。男性のように馬へまたがり、誰の助けも借りずにひら
りとおりられるようになる。

ロワイヤリュ城に滞在していた、色鮮やかで豪華なドレス
姿の高級娼婦たちの中、シャネルは自分をよそ者のように
感じ、あえて彼女たちとは違うファッションを貫き通す。
ぺたんこの靴、なんの飾りもない白いシャツ、首に結ん
だ黒いリボン。少年のように見えるカジュアルな着こなしだ。
後にシャネルは男性服のデザインを積極的に取り入れ、実用的な
女性服を生み出し、女性ファッション史を塗り替えることになる。
その特徴的なスタイルは、このとき生まれていた。
その後も、シャネルは男性のスポーツウェアに関心を持ち続け、特に
馬を一生の趣味として、ロンシャン競馬場でのレース観戦を楽しんだ。馬
屋の少年たちのシンプルな仕事着に着想を得て、後に生まれたのが、彼女の代表作
といえる「2.55」（ダイヤ型にキルティング加工されたバッグ）だ。
その特徴的なデザインには、あぶみ鉄やくつわ鎖など、磨きこまれた馬具の慎み深い美しさが感
じられる。

ARTHUR
"BOY" CAPEL

アーサー・ボーイ・カペル

生まれた年：1881年
亡くなった日：1919年12月22日（自動車事故）
職業：実業家、ポロ選手
要点：シャネルに資金援助した、
一番深く愛した恋人

シャネルの人生で一番幸せだったのは、アーサー・カペルとすごした日々だ。
彼が38歳の若さで突然事故死し、彼女の心はぽっきりと折れてしまった。
後に作家ポール・モラン（シャネルの伝記を執筆）に「カペルを失って私はすべてを失った。彼の死
で、私の心には何年かかっても埋められない大きな穴が空いた」と語っている。
エティエンヌ・バルサンの友人として、カペルは週末になると城をひんぱんに訪れていた。シャネル
はそこで彼と出会い、バルサンに「私を許して。でも彼を愛してしまった」という置き手紙を残し、

パリへ戻るカペルの後を衝動的に追いかける。

カペルはニューカッスルの石炭の所有権を持ち、富も教養も
ある英国人。彼もまたシャネルに心奪われ、モード界で必ず
成功すると信じ、書物からインテリアに至るまで様々な知識
を与えて、彼女の文化的な見識を高めた。

パリで一緒に暮らし始めたが、シャネルは、カペルがプレイ
ボーイであることも、身分の違いのせいで彼とは結婚できな
いことも理解していた。

シャネルはカペルの出資を知らずに受け、帽子デザイナー
として成功した。

しかし、愛人と思われるのを嫌い、懸命に仕事に取り
組んで、記録的な早さで借金を完済した。

人気帽子デザイナーになったシャネルは、カペルから事業拡大を提案され、1912年にドーヴィ
ル、1915年にはビアリッツにブティックを開業する。

1918年、カペルが英国貴族ダイアナ・ウィンダムと結婚したときはさすがに落ち込んだが、その約
2年後、さらなる悲劇に言葉を失う。

彼が自動車事故で亡くなったのだ。

THE MODISTE
帽子店

年代：1910年
場所：パリ、カンボン通り21番地
出資者：ボーイ・カペル
支持者：エティエンヌ・バルサンの裕福な友人たち

まだ幼かった頃、シャネルは祖父母の家の台所のテーブルで、おばのルイーズとアドリエンヌ（父方の19人きょうだいの末っ子で、シャネルと年が近かった）と一緒に、よく帽子やボンネットにリボン飾りを縫いつけていた。

エティエンヌ・バルサンが暮らすロワイヤリュ城に移り住むと、当時はやっていた派手な帽子とはまったく異なる帽子のデザインに挑戦し始める。派手な羽根飾りや、リボンの装飾、フリルなどはいっさい使おうとしなかった。それらが自分の好みではない、と直感的に判断したのだろう。

無駄を削ぎ落とした、控えめなデザインの帽子は、城を訪れる高級娼婦や女優たちの間で評判となり、特別注文が舞い込むようになる。面白いことに、帽子の仕立て代として高い金額を請求するほど、裕福な顧客たちはいっそう喜んだ。ギャラリー・ラファイエットで数ペニーで売られているカンカン帽も、シンプルなリボン飾りをつけるだけで、驚くほどの値段で売れた。

最初は、マルゼルブ通りにあるバルサン所有のアパルトマンで帽子を売っていたが、1910年、カンボン通りに堂々たる店舗「シャネル・モード」（店主との契約により、この店では衣服ではなく帽子だけを販売）を構えた。これがシャネルにとって、初めて持つ自分の店となった。

1912年、舞台「ベラミ」で、女優ガブリエル・ドルジアが着用したシャネルの帽子は、モード誌『ジャーナル・デ・モード』で絶賛された。

DEAUVILLE
ドーヴィル

年代：1912年
場所：フランス北部海岸沿いのファッショナブルなリゾート地
要点：シャネルが初めて洋服のブティックを開業した場所
生み出された革新的なアイデア：シックなマリンスタイル

高級婦人服デザイナーとして、女性ファッションに動きやすさと選択の自由をもたらそうとしたシャネル。理想のライフスタイルを自ら実践してみせた。

常にスリムでスポーティー。カペルと訪れたフランスのリゾート地ではビーチで何時間もすごし、テニスを楽しみ、太陽にきらめく海で泳ぎを楽しんだ。

カペルの励ましと資金援助を得て、シャネルはドーヴィルの地に初のブティックを開いた。裕福な

旅行客が訪れるリゾート地であり、世界的に有名な競馬場がある点にも注目した。ゴンドー＝ビロン通りにあるブティックでは、優雅な帽子だけでなく、動きやすい服も置かれ、特に海辺でリラックスしてすごせるような新たなスタイルが提唱された。そこには、後にシャネルの代名詞となるアイテム（ゆったりとしたベルト付きカーディガン、流れるような美しいラインのスカートやパンツなど）の原型が、すでに存在した。

ノルマンディーの漁師たちの普段着に注目したシャネルは、自分なりのアレンジを加え、現代女性に似合うボーダー柄のジャージーセーターや幅広のルーズパンツなどを生み出していく。

自分がデザインした服を、毎日おばのアドリエンヌと妹アントワネットに着せて散歩させ、休暇でドーヴィルを訪れた女性客たちの注目を集めることに成功。「その服はどこで買えるの?」と評判になり、シックなマリンスタイルという新しいスタイルを世に広めていった。

BEACHWEAR
ビーチウェア

年代：1913年〜1915年
場所：ドーヴィル、ビアリッツ
素材：ニット・ジャージー
要点：ビーチウェアで、シャネルは女性を窮屈な服から解放

シャネルが初期に生み出した画期的なアイテムの中でも、注目すべきは"実用的なスポーツウェア"だ。「女性も男性と同じように、動きやすく着心地のいい服を着て自由になるべきだ」という熱い思いが感じられる。

乗馬、テニス、ゴルフ、海水浴。シャネルは戸外でのスポーツをこよなく愛した。「自分のシンプルな生活スタイルを他の女性たちにも伝えたい」という気持ちから、上下に分かれたデザインの、ジャージー素材を用いた革新的なコレクションをドーヴィルのブティックで発表する。

あっさりしたデザインのトップス、カジュアルなスカート、流れるようなラインが美しい、ロング

カーディガンジャケットなど、仕事着に着想を得た、まさに海辺で
くつろいですごすのにぴったりなアイテムばかりだった。

シャネルは"日焼け"を広めたことでも有名だ。陶器のような青白
い肌が美しさと高い身分の象徴だと考えられていた時代に、健
康的な小麦色の肌のよさを世に広めようとした。

1920年代、彼女がデザインしたボーダー柄の海水着は、膝上
丈のドレスとタンクトップのセパレート型で、当時一般的だっ
たヴィクトリア時代のブルマー水着に比べると、かなり大胆で
珍しいものだった。ニット・ジャージーという素材は海水浴をする
には重たかったが、この画期的なデザインの水着によって、日焼けした肌が新
たなトレンドとなった。

もう1つ、シャネルは"ビーチ・パジャマ"という流行も生み出した。リゾート地
で着るためのパジャマで、彼女は率先してこのビーチ・パジャマを愛用。そ
れをまねして、上流階級のシックな女性たちがこぞってビーチ・パジャマを着
るようになる。

裾の広がったパンツは、生地にリネンやサテンが用いられ、エレガントそのもの。
海辺にぴったりのくつろぎ着として、1920年代以降、フレンチ・リヴィエラを訪れる上流階級の女
性たちが愛用するようになった。

BIARRITZ COUTURE HOUSE

ビアリッツ・クチュール・ハウス

年代：1915年
建物：小塔のある4階建て
場所：ビーチとカジノの向かい側
要点：シャネルが初めてオートクチュールを発表

第一次世界大戦の激動の最中でも、いまや英国陸軍将校となったボーイ・カペルは、ビアリッツの
バスク地方にあるホテル・デュ・パレで、シャネルと週末のひとときを楽しんでいた。
スペイン国境近くにあるビアリッツは、戦争の影響がまだ感じられず、裕福なヨーロッパ貴族たち
や一部の王族に人気が高い保養地だった。カペルはそこに目をつけ、シャネルに事業拡大を提案。
彼女はビーチとカジノの向かい側にある人目を引く大邸宅を見つけ、そこに初のオートクチュール

店をオープンし、ファッションによる気晴らしを必要としていた富裕層のニーズに見事に応えた。

当時は女性の生き方が劇的な変化を遂げていた時代。戦争による物資不足はあったが、シャネルは「新たな時代には新たな種類の贅沢が必要」と発想を切り替え、ソフトなニット・ジャージー素材を用いた、スポーティーでしゃれたアイテムを次々と生み出していく。シンプルなチュニック・ドレス、カーディガン、キュロット・パンツ、タンクトップ……。独特の風合いに苦労もしたが、ジャージー素材ならではの美しいシルエットと着心地のよさは格別だった。

長い間コルセットに締めつけられていた女性の体を解放したことで、シャネルは一躍ファッション界の寵児に。オーダーが殺到し、顧客の中にはスペイン王室や、ビアリッツに亡命していたロシア貴族たちも含まれていた。

シャネルはパリから妹アントワネットを呼び寄せ、大忙しのブティックを任せた。

次々と舞い込む注文に対応するため、戦争が終わる頃には、シャネルの工房の従業員は300人になっていた。

JERSEY
ジャージー

年代：1916年
製造業者：ジャン・ロディエ
きっかけ：第一次大戦による物資不足
要点：シャネルはこの素材を使い、コルセットを完全拒否

戦争中の大変な時期、華美な装いをするのは時代と相反するもので
あった。

シャネルは「これまでのファッションを根本的に見直さなければならない」と考え、戦争で繊維素
材が不足する中、手に入れられる唯一の素材、ニット・ジャージーに初めて挑戦。その結果、後にポ
ール・モランに語ったように「自分でも知らないうちに」着心地がよくてこざっぱりとしたジャージ
ー素材をはやらせた。

成功のきっかけは偶然訪れた。ドーヴィルで寒さをしのぐため、ぶかぶかのメンズ・セーターを着
込んで、腰にスカーフをふんわりと巻きつけた瞬間、シャネルは「これは超先鋭的なカジュアル・ド

レスになる」と直感したのだ。

この頃ジャージー素材は、男性用衣類（スポーツウェアや学生用ブレ
ザー、下着など）のみに用いられていて、女性用衣類には不向きと考
えられていた。

シャネルはこの素材の柔らかさをいかし、最初に水着を、次にコルセ
ットなしで身につけられる普段着をデザインする。まさにファッショ
ン史に革命が起きた瞬間だ。

シャネルは製造業者ジャン・ロディエから、安価なジャージー素材を
ロットで買った。これは、下着に用いるにはほつれやすい素材を持て余
していたロディエにとっても、ありがたい話だった。シャネルは、この素
材特有の落ち着いた色味でソフトな手触りが、ロングカーディガン・ジャ
ケットやストレートなデザインのチュニック、セーラー・ブラウスにぴったりだと見抜いていた。さら
に、そういったアイテムが、食糧配給で前よりもスリムになり、新たな着こなし方を探している世代
の女性に求められている点にも気づいていた。

こうしてシャネルは、苦しいコルセットをつける必要のない、スポーティーでありながら優雅なデザ
インの服を次々と発表。商業的に大成功を収め、『ヴォーグ』誌にこう称賛されるまでになる。

「彼女が作り出すすべてがニュースになる」

THE BOB
ボブ・スタイル

年代：1917年
きっかけ：女性解放の機運の高まり
状況：偶然の事故
刺激を与えられた人物：コレット（作家）、カリアティス（前衛ダンサー）

戦争の時代が続くうちに、女性解放の機運がどんどん高まり、社交界の裕福な女性たちの生活にも大きな変化が訪れた。彼女たちは自分の手で簡単に、身支度を整える方法を探し始める。もはや着替えや髪のセットのために、何人ものメイドの手を借りる必要はない。それに外出するのにいちいち付き添い役をつける必要もない。しかも自動車が登場し、馬車に取って替わったことで、より自

由に動ける短い丈のスカートがかつてないほど求められるようになった。

このファッション革命の最前線に立ち、若い女性の憧れとなったのがシャネルだ。1917年、彼女は初めて髪をショートにする。なぜ腰まであった長い髪を切ったのだろう？ ポール・モランのインタビュー（1945年）では「邪魔だったから」と答えている。

後に親友クロード・ドレには「偶然の事故だった」と語っている。

ある夜、オペラ観劇のために支度をしている最中、浴室のガスの湯沸かし器の種火をいじっていたら爆発して毛先に燃え移り、三つ編みにしてアップに結いあげていた髪を、急きょ短くカットせざるを得なくなった。しかも白いドレスがすすで汚れたため、慌ててシンプルな黒いドレスに着替えて劇場に向かい、その夜、初めてのショートボブを披露することに。オペラの観客たちは全員、シャネルの首筋の美しさについて絶賛したという。

シャネルが衝動的に髪をカットしたことで、少年っぽいボブ・スタイルは女性たちの間でまたたく間に人気の髪型となった。

MISIA SERT

ミシア・セール

年代：1917年

職業： 才能豊かなピアニスト、芸術家たちのミューズ（女神）、芸術活動支援家

要点：パリを代表するすべての芸術家にシャネルを紹介した人物

シャネルとの関係：よきライバルであり、よき友人

「常に退屈している。でも決して人を退屈させることがない」これは、シャネルが親友ミシア・セールについて語った言葉だ。彼女たちは30年以上に渡り、複雑な友情関係を築きあげた。

1872年、ミシア・セール（誕生時の名はマリア・ゾフィア・オルガ・ゼナイダ・ゴデプスカ）はサンクトペテルブルク郊外に生まれ、20世紀初めにパリ在住の画家、音楽家、作家たちをパトロンとして支援した。その姿はいまでも、ボナール、ヴュイヤール、トゥールーズ＝ロートレック、ルノワールの

作品の中で生き続けている。

シャネルがミシアと出会ったのは1917年、女優セシル・ソレルが開いた夕食会だった。その夜着て
いたベルベットのコートをミシアから褒められ、そのコートをプレゼントしたのがきっかけだ。その
後、ミシアと彼女の3番目の夫となったホセ・マリア・セールは友人として、波乱万丈の人生を送るシ
ャネルを見守るようになった。

ミシア夫妻の新婚旅行先イタリアに招かれたシャネルは、偶然セルゲイ・ディアギレフのバレエ団
が経済的に苦しいという話を耳にし、パリでの『春の祭典』再演のために30万フランを援助しよう
と申し出る。しかも、その援助をミシアには秘密にするのが条件だった。

ミシアの紹介でパリの芸術家たちに受け入れられたシャネルだが、やがてジャン・コクトーやパブ
ロ・ピカソと共に仕事するようになり、嫉妬に駆られたミシアとぎくしゃくした関係に。

もともと独占欲が強かったミシアとは複雑な関係が続いたが、1950年にミシアが亡くなると、シャ
ネルはその葬儀の手配を一手に引き受けた。

TROUSERS
パンツ

年代：1918年
場所：ドーヴィル、ビアリッツ、ヴェネチア
素材：ジャージー、ローシルク、リネン

シャネルの革新的なデザインは、彼女自身の「不必要な装
飾をなくし、実用的な服を着たい」という願望から生まれて
いる。
戦争の時代、多くの女性たちが初めて仕事をせざるを得ない状況となり、丈夫で
機能的な作業着、特にパンツを必要としていた。
それまでパンツ・スタイルはちっともおしゃれではなく、女性向きではない装いと考えられていた
が、シャネルはその常識を打ち破った。世の中に「動きやすくて履き心地がいいパンツは、今という

時代にふさわしいドレスコードだ」と認めさせたのだ。ドイ
ツ軍による爆撃が長引いたパリでは、女性たちが防空壕に
すばやく逃げなければならず、手早く身につけられて動きや
すいパンツの需要がさらに高まった。

頭の回転が早く、常に目の前の問題をスタイリッシュに解決
するシャネル。男性用のジャージー素材のパジャマを参考
に、自分なりのアレンジを加え、女性用パンツを仕立てあげ
ると、カンボン通りのブティックでハイファッションとして売
り出した。特に有名なのが、1920年代以降、シャネルが大
流行させた"ビーチ・パジャマ"だ。男性用パジャマをもとに考
案されたものだが、リゾート地で着られるよう様々な種類の高級
生地が用いられた。

シャネル自身、海辺で白いヨットパンツ姿でくつろぐ写真が撮影されている。海辺ですごす以外、
その他の社交行事でパンツ・スタイルが受け入れられる時代ではなかった。まさかこの数年後、そ
んな時代がやってくるとは、まだ誰も考えていなかったのだ。

FUR
毛皮

年代：1918年
きっかけ：戦争による燃料不足
素材：ウサギ
用いられた部分：カフス、帽子、カラー

長引く戦争のせいで、多くの高級婦人服デザイナー（クチュリエール）たちが独創的にならざるを得なくなった。それまで当たり前のように使用していた生地・素材の多くが手に入らなくなったせいだ。先が見通せない中、パリの街は身も凍るような寒さに襲われ、石炭の値段は高騰し（石炭業を営むボーイ・カペルの資産は膨れあがった）人々をいっそう暗い気持ちにさせた。女性たちは体を温めるために毛皮を活用するようになる。

通常なら、シャネルも南米のチンチラかロシアのクロテンの毛皮を用いていたが、戦時中で輸入も買い付けもできない。そこで彼女はすばやく頭を働かせ、高級な毛皮を安いもので代用するという

解決法を見つけ出した。彼女いわく「最も質素とされていた」ウサギの毛皮を、自分がデザインした美しいジャージードレスの襟元や裾にあしらったのだ。『ヴォーグ』誌は「ウサギの毛皮で縁取られたジャージードレスは大人気。シャネルに莫大な利益をもたらした」と、彼女の試みを称賛している。

全身がヒョウの毛皮で覆われたコートなど高すぎて買えない女性たちの間で、毛皮をあしらったアクセサリー（帽子、マフ、カラー、手袋、カフスなど）が人気となる。ただし、彼女たちはそれがなんの動物の毛皮なのか詳しく尋ねようとはしなかった。シャネルの好みではなかったが、同時代のデザイナー（たとえばエルザ・スキャパレッリ）の中には、小物類の装飾として、濃い色とけばだった手触りで明らかにサルのものとわかる毛皮をあしらう者たちもいた。

31 RUE CAMBON

カンボン通り31番地

場所： パリ1区
時代：18世紀
建築様式：古典主義
階数：6階建て

パリ1区は、"光の都"の中央に位置するフランス首都最古の歴史的な建造物（ルーブル美術館、チュイルリー宮殿など）が立ち並ぶ美しい街だ。中でも最もシックな通りとして知られるカンボン通り31番地に、ハウス・オブ・シャネルの本拠地がある。

第一次大戦中も、ドーヴィル（1912年）、ビアリッツ（1915年）にあるシャネルのブティックは、戦禍を逃れるために海辺にやってきた裕福な女性たちに熱狂的に支持され続けていた。

1918年、シャネルはさらに広いスペースが必要だと考え、帽子店（21番地）と同じカンボン通りの、31番地にある印象的な6階建ての建物を購入。このタウンハウスは今でも残っていて、ハウス・オブ・シャネルの中枢部として機能している。

この建物購入をきっかけに、シャネルはさらに斬新な試みに挑戦。建物全体を現代にマッチしたオートクチュール・サロンとして生まれ変わらせ、最新の服飾コレクションだけでなく、アクセサリーや香水、ジュエリー、さらには新たに手がけた化粧品も提供するようになった。シャネルはオートクチュール・サロンの階上にあるアパルトマンで精力的に仕事をこなしたが、そこで寝泊りすることは1度もなく、同じ1区にあるホテル・リッツのスイートルームに住んでいた。

31番地にあるシャネルのアパルトマンは、当時と同じ状態のまま保存されている。かの有名な中国の屏風や優雅なソファ、美しいアンティーク家具など、彼女のブティックと同じように、まさに古典的エレガンスの極みが感じられる。2013年、フランス文化省はアパルトマンと鏡張りの螺旋階段を歴史的造物に指定し、その国家的重要性を認定した。

SCISSORS
はさみ

年代：1919年
要点：芸術品として大切にディスプレイされていた
場所：ホテル・リッツのベッド脇、カンボン通りのアパルトマン
シャネルが身につけた部分：毎日首からかけていた

カンボン通りにあるアトリエで熱心に仕事に打ち込んでいたシャネル。その姿を最も象徴するアイテムがはさみだ。他のデザイナーたちが2Bの鉛筆を使っていたのに対し、シャネルはデザイン画を描かず、常にはさみを振るい、布地（最初は綿キャンバス、次は彼女自身が選んだ布地）に直接向き合って、自分のデザインを形作っては直していた。

常に完璧主義者であったシャネルは、リボンを通した愛用のはさみを首からかけ、くわえタバコをしながら何時間もかけて、モデルたちに服を着せてはその袖山をすっかり満足がいくまで調整し続けた。

シャネルにはお気に入りのはさみの"特別コレクション"があり、いつも表彰メダルのように、テープを通した愛用のはさみを首からかけていた。銀のものと、美しい手彫りのノジャン製のものは、コロマンデル屏風に囲まれたアパルトマンにきちんと並べられていた。はさみをよほど大切に考えていたのだろう。親友クロード・ドレには、「もし自分の紋章をつけるとしたら、"はさみ"にするわ」と語っていたほどだ。

デザイナーとして正式な勉強はしていなかったシャネルは、自分の直感を頼りにデザインを生み出した。指先を使って生地の不要な部分を伸ばし、はさみを振るってカットしていく。すばやい作業により、カットされた生地が控えめなエレガンスを特徴とする、独特のスタイルに生まれ変わるのだ。

長い1日の終わり、アトリエではアシスタントのマダム・レイモンドが、マドモワゼル・シャネルの首からはさみをはずし、翌日のために決められた位置に戻すのが習慣だった。シャネルは生涯、この決められた手順を儀式として繰り返した。

VENICE
ヴェネチア

年代：1920年
一緒に旅をした人：ミシアとホセ・マリア・セール
文化的な意味：イタリアを代表する芸術と建築の街
要点：シャネルがセルゲイ・ディアギレフと出会った街

熱い友情の証として、ミシアとホセ・マリア・セールは親友シャネルを、自分たちのイタリアへの豪華な新婚旅行に一緒に行こうと熱心に誘った。ボーイ・カペルを失った悲しみに暮れるシャネルの気晴らしになれば、と考えたのだ。アドリア海沿岸を船でクルーズし、最初に立ち寄ったのが、ヴェネチアだった。シャネルは初めて訪れた、この歴史ある水上都市の美しさにすっかり魅了される。
一緒に旅をしていたホセ "ジョジョ" セールは、カタロニア出身の存在感ある芸術家で、伝記『シ

ャネル—人生を語る』(ポール・モラン著、中央公論新社刊) によれば、シャネルは彼を「常に機嫌のいい理想的な旅の友」と語っている。

様々な建築様式の建物が立ち並ぶヴェネチアの街を目の当たりにして、驚きに息をのむシャネル。そんな彼女に対し、セールは壮麗な建物を指差しながら、ビザンチン、ゴシック、ルネッサンスといった建築様式の違いや、画家ティントレットやティツィアーノの驚くべき色遣いについて説明し、この街の隠れた魅力を紹介していく。

シャネルが心惹かれたのはサン・マルコ寺院。特に、大聖堂の巨大な十字架と聖堂内一面を覆った金のモザイク画で、このとき受けたインスピレーションは後の彼女の作品に生かされるようになった。

シャネルにとって、ヴェネチアはその後何度も訪れる特別な街になった。離島リドに滞在したり、白いリネンの優美な服に身を包んでサン・マルコ広場のカフェ・フローリアンでカクテルを楽しんだり。ミシアはこの新婚旅行でシャネルを、ロシアを代表する芸術プロデューサー、セルゲイ・ディアギレフ (バレエ・リュス創設者、芸術監督) に紹介した。後に彼女はディアギレフと共に多くの仕事をし、舞台衣装デザイナーとしても成功を収めた。

THE LION
獅子

年月日：1883年8月19日
意味：シャネルの誕生日がある星座のモチーフ
要点：シャネルの人生の重要な決断に影響を与えた
用いられた部分：スーツのボタンなどに獅子のモチーフを使用

シャネルは占いや迷信に強い関心を持ち、人生において重要な決断を下すときの参考にした。数秘術を固く信じ、幸運のお守りを身につけ、天空を彩る星座に魅了されていた。かつて「頭上に広がる空や月、すべてを愛しているの。星の導きを信じているわ」と語ったことがある。5番目の星座である獅子座生まれだったため、星座のモチーフである獅子と5という数字にこだわり、自分の作品にもたびたび登場させた。

ボーイ・カペルの悲劇的な事故死の後、悲しみを癒せずにいたシャネルだが、友人ミシアとホセ・マリア・セールとヴェネチアを旅したとき、サン・マルコ広場を見おろす翼のあるライオン像を見て、心を奪われる。翼のあるライオンは、ドア・ノッカーや兵器庫、街の旗まで、ヴェネチアの至るところに見られる象徴的シンボル。堂々たるライオンの姿に大いに慰められ、シャネルは体の奥底から再び力が湧くのを感じ、ゆっくりと自信を取り戻し始める。

パリにある自分のアパルトマンに戻ると、シャネルは室内に様々なライオン像を飾り始める。ポーズはそれぞれ異なるが、どれも彼女を守り、勇気を持ち続ける象徴として飾られた。シャネルのコレクションには、獅子の頭のモチーフが数多く見受けられる。重厚感のある金ボタンに刻されたり、装飾的なブローチのモチーフとして使われたりした。

BALLETS RUSSES

バレエ・リュス

要点：シャネルはセルゲイ・ディアギレフと友人になり、経済的に支援
シャネルにとっての意味：このバレエ団の衣装デザインを手がけた

20世紀初めのパリ。セルゲイ・ディアギレフが自ら創設したバレエ・リュスの公演を行うと、街全体が彼の魔法にすっかり魅了された。バレエ・リュスの前衛的な踊りはセンセーションを巻き起こし、パフォーマンスの新たなスタイルを世に示したのだ。

1920年、シャネルはミシア・セールから、カリスマ性のある友人セルゲイを紹介された。活動の拠点をサンクトペテルブルクからパリに移した彼は、ヨーロッパ全土でバレエ・リュスの公演を行い、絶賛され大成功を収めたが、常に金銭的な問題に苦しめられていた。

　『春の祭典』再演の金銭的支援をしたのをきっかけに、シャネルはディアギレフと生涯の友となり、バレエ・リュスの衣装デザイナーとして、彼と2人で多くの仕事を共にするようになる。ダンス、音楽、詩、彫刻とジャンルを問わずに実験的な試みに挑戦するディアギレフを見て、シャネルは彼の大胆な創造力に強く惹かれずにはいられなかった。なぜなら、革新と破壊を怖れない彼女自身の姿と重なったからだ。

　ディアギレフとの友情を通じて、シャネルは当時のパリを代表する芸術家集団（コクトー、ピカソ、ブラック、ストラヴィンスキー、サティなど）にも受け入れられることに。さらなる名声や富を手にした彼女は、終生の友ディアギレフの芸術活動に惜しみない支援を続けた。彼のために数多くのパーティを主催し、やがて彼が重い病気になると、ヴェネチアまで見舞いに駆けつけた。

　ディアギレフが亡くなったのは1929年8月19日。奇しくもシャネルの46歳の誕生日だった。シャネルとミシア・セールは、ディアギレフの希望により、2人とも白いドレスで葬儀に参列。彼の棺をのせたゴンドラに付き添い、サンミケーレ島に埋葬されるのを見守った。葬儀の費用は全額シャネルが支払った。

Les Epaves du Ciel

PIERRE REVERDY
ピエール・ルヴェルディ

年代：1920年

職業：詩人

要点：シャネルに格言集を書くようすすめた人物

多くの男性と浮き名を流したシャネルだが、最も興味深いのが、フランス人の詩人で既婚者だった
ピエール・ルヴェルディとの関係だ。1920年、シャネルはミシア・セールによって、彼に引き合わせ
られる。当時ルヴェルディは、モンマルトルを活動拠点とする芸術家集団（マックス・ジャコブ、パブ
ロ・ピカソ、ジョルジュ・ブラックなど）の一員だった。どう見てもシャネルの好みのタイプではなか
ったが、2人は出会った瞬間から激しく惹かれ合った。

Les Epaves du Ciel

ルヴェルディは矛盾に満ちた、複雑な男性だった。非常に信心深いのに凶暴性すら感じさせる詩を書き、上流社会を忌み嫌いながらもフォーブル・サントノーレ通りにあるシャネルの贅を凝らした邸宅に一緒に住み、金銭的な援助も受けていた。ただ2人はとても深淵な絆で結ばれていた。ルヴェルディのおかげで、シャネルはそれまで考えないようにしてきた幼少時代の自分と向き合い、修道院での禁欲的な生活を鮮やかに思い出したのだ。さらに彼はシャネルに名言集を読むようにすすめ、彼女自身にも言葉を残すようにすすめた。

フランス版『ヴォーグ』誌のインタビューでビジネス観を問われると、シャネルは何度もウィットに富んだ答えを返している。世界中の雑誌のインタビューに答えるうちに、短い言葉で読者の心を瞬時につかむ術が磨かれたのだろう。彼女の有名な「シャネリズム」には、ファッション、恋愛、人生についての率直な意見が含まれており、その簡潔なスタイルが称賛された。これらの言葉は、ルヴェルディと共同で作られたものとされている。

1926年、ルヴェルディは世俗社会との関わりを断ち、サルト県にあるベネディクト修道院に入り、修道士としての人生を送る決断を下す。それから彼が没するまでの約40年間、シャネルはルヴェルディの友人であり続け、修道院で詩作を続けた彼をずっと支えた。

PEARLS
パール

年代：1920年
魅力に気づいたきっかけ：崇拝者たちから贈られたプレゼント
要点：シャネルはコスチューム・ジュエリーを世に広めた
功績：ハウス・オブ・シャネルのトレードマークに

成功の頂点に達したシャネル。幸運のシンボルだと信じ、首元には常にパールのネックレスを重ねていた。シャネルはこのジュエリーの明るい輝きが、自分の日に焼けた肌の美しさを強調し、黒い服を劇的に引き立てると知っていたのだ。

リッチな崇拝者たちから、高価な品々を数多くプレゼントされるうちに、パールのネックレスの普遍的な魅力に気づくようになっていた。

もう1つ、シャネルが気づいていたのは、ほとんどの女性は高価な本物の宝石を多数買う余裕はな

いといっ事実だ。「だからこそ大切なお客様に、周囲を驚かせるような豪華なデザインの宝飾品を楽しんでもらいたい」と考え、コスチューム・パールのネックレスを作ろうと決意する。そうしてできあがったのは、鑑定書付きのジュエリーに負けないほど人目を引く、優美に重ねたコスチューム・ジュエリーだ。この遊び心あふれるパールのネックレスは、シャネルと彼女のブランド両方のトレードマークとなった。

無駄をそぎ落としたシンプルな服に、美しく映えるアクセサリー（装飾的なブローチ、エナメル装飾のカフスボタン、重ねたパールのネックレス）を合わせる。それがシャネルのスタイルだ。彼女自身、体の動きに合わせてネックレスが音を立てるのを楽しんだ。「ジュエリーは特別な機会のために取っておくもの」という考え方に疑問を持ち、アーガイル・セーターにパールのネックレスを合わせて狩りに出かけた。またポール・モランには「小麦色に日焼けした肌に真っ白なイヤリング、そういうのが好き」と語っている。

シャネルが何かを始めると、裕福な顧客たちがこぞってまねして、それがすぐにトレンドとなる。彼女自身は、高価なジュエリーと手頃な価格のコスチューム・ジュエリーをミックスして身につけることが多かった。

THE CAMELLIA
カメリア

起源：アレクサンドル・デュマ『椿姫』
要点：永遠の愛を象徴する花
功績：ハウス・オブ・シャネルのトレードマークに

シャネルは「装飾的要素を最小限にまで抑える」という精神を貫いたが、一目で彼女のブランドだとわかる挑発的なタッチを加える天才だった。その最たる例がツバキの花（カメリア）だろう。彼女はこのモチーフを好み、繰り返し作品に取り入れた。1点だけ飾る場合もあれば、複雑なプリント模様に織り込む場合もあった。

1920年代、若くてファッショナブルな男性たちの間で、ボタンホールにツバキの花を飾るのがはやった。起源となったのは、1852年上演されてパリ社交界で大ヒットした戯曲『椿姫』（デュマが書

いた同名の小説を彼本人が戯曲化した）だ。1936年にはハリウッドで『椿姫』として映画化され
（グレタ・ガルボ主演）こちらも大ヒットを記録した。

1920年代以降、シャネルは白ツバキ（「ジャパニーズ・ローズ」と呼ばれ、花言葉は「永遠の愛」）
を自分のコレクションに取り入れるようになる。シャネルがこの花を選んだ理由はいくつかあった。
花びらが対称的で造形的に美しい点、エキゾチックである点、さらに匂いがないため香水シャネル
N°5を邪魔しないという点だ。

モノクロでダイナミックに描かれた白ツバキに大いなる魅力を感じ、シャネルはこのモチーフを最
大限に活用。装飾的なコサージュとしてあしらったり、シンプルなカンカン帽に飾ったり、スーツの
下襟にピンで留めたり。特に彼女が好きだった黒と合わせることが多かった。

1930年代には生地のプリント柄に用いられるようになり、1938年にはグリポワ社に依頼し、特殊加
工されたガラスを用いて、咲き誇るカメリアをモチーフにしたネックレスを制作するようになった。

ERNEST BEAUX

エルネスト・ボー

年代：1920年

職業：ロシア生まれの調香師

要点：シャネルは彼の協力を得て、シャネル N°5 を生み出した

その生涯において、シャネルはスラブ民族の情熱的な魅力に夢中になった時期がある。セルゲイ・ディアギレフやイーゴリ・ストラヴィンスキーと親交を深め、ドミトリー・パウロヴィチ大公と恋仲になり、「ルバシカ」（刺繍が施されたロシア農婦の伝統的なブラウス）をベースにしたコレクションを発表した。

ロシア生まれの調香師エルネスト・ボーに出会ったことで、シャネルは香水作りに着手した。当時40歳だったボーは、異色の経歴（青年期をサンクトペテルブルクですごし、モスクワの香水製造会

社ラレー社に調香師として勤務）を持つ興味深い男性だった。彼と後に生み出す香水は、シャネル
の期待を上回る利益をもたらした。

エルネスト・ボーは兵士でもあり、第一次大戦中にはフランス軍に従軍し、功績をたたえられて「戦
功十字章」と「レジオン・ドヌール勲章」を、その後英国政府の依頼で対ロシア諜報部員として活
躍し、英国からも「戦功十字章」を授与されている。1919年、ボーはようやく南仏リヴィエラに到着
し、小高い丘にある町グラースで自分の香水研究所を立ちあげた。

シャネルは、自分がどんな香水を求めているかはっきりとわかっていた。毎日ボーの研究所を訪
れ、彼の横で調香作業に没頭し、その類いまれな嗅覚でボーを驚かせた。「天然の香料に新たな
化学物質アルデヒドを合わせ、安定させる」という調香により、ボーは後にこの世で最も有名にな
る香水を完成させた。

最初に用意されたシャネル N°5はわずか100ボトル。しかも特別な顧客のクリスマスプレゼント用
としてであった。その後、この香水は世界中で人気を集め、1924年にはパルファン・シャネル社が
設立され、ボーは初代専属調香師として迎えられた。

CHANEL N°5

シャネル N°5

年代：1921年
生み出した人：ガブリエル・シャネル、エルネスト・ボー
香り：メイローズ、ジャスミン、イランイラン、サンダルウッド
愛用した有名人：カトリーヌ・ドヌーヴ、マリリン・モンロー

1920年夏、貴族の恋人ドミトリー・パウロヴィチ大公から、ロシア生まれの著名な調香師エルネスト・ボーを紹介されたとき、シャネルは「今人気の花の香りとはまったく違う香水を作ろう」と決意する。彼女は香水の町として名高いグラースにあるボーの研究所に通い詰めた。新しい化学物質である合成香料アルデヒドを使って実験を重ね、まとった後も天然香料のもつ繊細な香りが続く調香を見つける過程をつぶさに見守った。

このプロジェクトに対する明確なヴィジョンと鋭い嗅覚を持っていたため、シャネルには自分の香水に不要な要素がはっきりわかっていた。

彼女はよく詩人ポール・ヴァレリーのこの言葉を引用した。「香水をつけない女性に未来はない」

ボーが用意した試作品の中で、シャネルが選んだのは5番目のボトルだった。ボーから「この香りは80種以上もの香料を使った上、ネロリやメイローズ、さらには高価なジャスミンを多量に使っているので、製造コストが非常に高くなる」と反対されると、「私はこの世で一番高価な香水を作りたいの」とボーの反対を退けた。

天然香料に合成香料を混ぜ合わせたスタイル、モダンなデザインのガラスボトル、しかもそこに貼られているのは「N°5」というラベルだけ。これでもかというほど革命的な要素が揃ったこの香水は、完成した翌年にブティックで販売されるやいなや大人気となり、世界で最も有名なフレグランスになる。1950年代には、ハリウッドの有名女優マリリン・モンローのかの有名な発言（「寝るときにはシャネル N°5を数滴だけ」）をきっかけに、この香水の売上はさらに伸びることとになった。

BAROQUE
バロック

年代：1921年
場所：カンボン通り31番地
興味を持ったきっかけ：ヴェネチア旅行（1920年）
要点：華やかなインテリアと無駄のないファッション

無駄な装飾を排したシンプルな女性服をデザインさせたら、シャネルの右に出る者はない。その一方で、カンボン通り31番地にある彼女のアパルトマンには、きらびやかな装飾品が数多く飾られている。マドモアゼル・シャネルの広々とした私用アパルトマンを訪れた人は、まずヴェネチアングラスの等身大の像2体に迎えられ、彼らから"奥へどうぞ"と示される。奥に飾られているのは、シャネルの独創性をまざまざと感じさせる、驚くべき芸術品の数々だ。

少女時代、芸術に触れる機会が少なかったシャネルは、親友ミシアとホセ・マリア・セールを通じて絵画、音楽、文学に関する知識を深めた。2人に連れて行かれたイタリア旅行では、華やかな街ヴェネチアの奥深い魅力にたちまち心奪われることに。

人目を引くバロック調の大型鏡、その両脇で輝きを放つクリスタルのシャンデリア、壁2面にしつらえられた本棚に並ぶどっしりとした革製本、その本棚の上には日本の仏像、フルートを吹くアフリカの少女像、1本だけの小麦の穂を描いたダリの絵が飾られている。

気分を落ち着かせるベージュの厚い絨毯と、金布が張り巡らされた壁が程よいコントラストを生み出している。壁際にある装飾型テーブルの卓上に置かれているのは、ライオン像やタロットカード、エナメルボックスだ。壁に並べられた18世紀のコロマンデル屏風には、楽園で歌う鳥たちや滝、さらにシャネルの大好きな花カメリアが描かれている。彼女はこのお気に入りの屏風を並べて、異なる空間を生み出し続けた。同時に、アパルトマンにある扉を覆い、その位置をわかりにくくもした。置き去りにされる怖れを和らげるためだったのかもしれない。

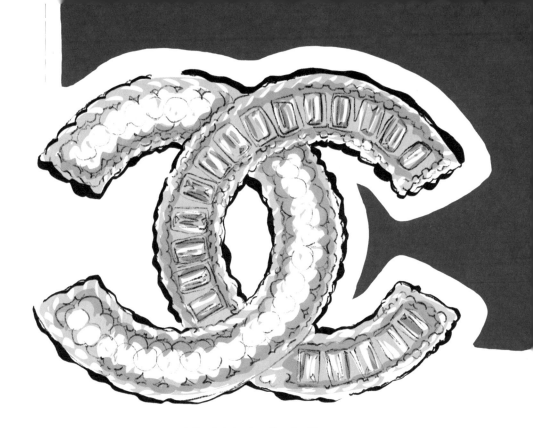

THE LOGO

ダブルCのロゴ

年代：1921年
ロゴ誕生の由来：諸説あり
要点：世界に認めさせたロゴ

1921年、シャネル N°5のボトル・デザインに、ダブルCのロゴが初めて登場した。それ以来、この背中合わせの2つのCは、一目見てすぐにシャネルだと認知させる、世界共通の最強のロゴとなった。優美なスタイルとまばゆい輝きを放つココ・シャネル自身が、このロゴに象徴されている。どうやってこのロゴが生まれたのか？色々な説がある。ハウス・オブ・シャネルは「カトリーヌ・ド・メディシスが王太子妃になった際、紋章として2つのCを交差したモノグラムを用いた歴史にシャネルが注目した」と説明している。

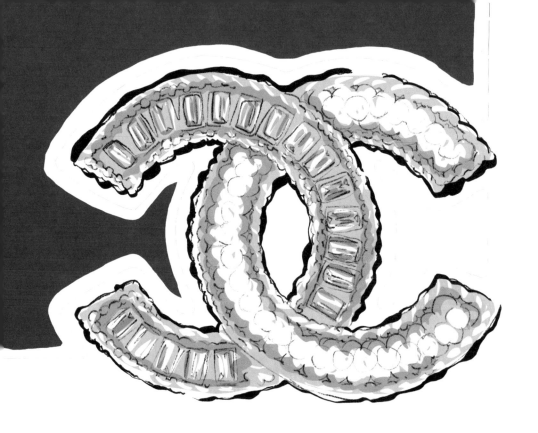

「少女時代をすごしたオバジーヌ修道院の窓に描かれた、円形パターンに由来している」という説もある。

『ココ・シャネル　伝説の軌跡』（ジャスティン・ピカディ著、マーブルトロン刊）では「重ね合わされた2つのCは、シャネル自身と、彼女が"本当に愛していた"と語っていたアーサー・カペルを象徴している」という説が紹介されている。カペルは、まだ駆け出しの帽子デザイナーだったシャネルが成功すると信じ、資金的な援助をしてくれた恋人だが、身分の違いのせいで結婚には至らなかった。ピカディはこう記している。「現実では結ばれなかった2人だが、このロゴの中で結ばれたのだ」

ボタン、ジュエリー、財布。様々なアイテムにかたどられた、このダブルCのロゴは、今も変わらぬココ・シャネルの魅力を伝え続けている。

BEADING
ビーズ

年代：1922年
素材：ガラスビーズ、金糸の刺繍
制作場所：アトリエ「キトミール」
要点：シャネルはロシア文化に影響を受け、
デザインに取り入れた

　ドミトリー・パウロヴィチ大公との恋愛関係を通じて、シャネルはスラブ民族の魅力に惹かれ、そこに秘められた無限の可能性に気づく。セルゲイ・ディアギレフやイーゴリ・ストラヴィンスキーなどの友人が、サンクトペテルブルクの芸術をパリに紹介して大成功を収めた姿を目の当たりにした影響も大きかったのだろう。シャネルは、ロシアの昔ながらの農夫の作業服をより現代的にアレンジすることに挑戦し始める。

　シャネルは大公から、仕事を探していた姉マリヤ・パヴロヴナ大公女を紹介され、あっさりしたブラウスに竹ビーズの刺繍をする作業を任せるように依頼された。大公女はさっそくミシンを買い、刺

繍機の複雑な使い方を学ぶと、助手として同郷人を数
人雇って、自分のアトリエ「キトミール」を開設した。
シャネルはシックな色彩にこだわりつつ、ロシア農家の女性
労働着（シフトドレスやベスト、ルパシカと呼ばれるブラウ
スなど）に細かなビーズや複雑なステッチを刺繍し、見事
に生まれ変わらせた。大公女のアトリエでは、小粒のビー
ズを手作業で刺繍するという根気のいる作業が熱心に
行われ、複雑な模様のコラム・ドレス（肩から裾にかけ
て、ほっそりとした直線的なドレス）が生み出されるこ
とになる。

このコラム・ドレスは1920年代半ば、シャネルのコレクショ
ンを代表する定番アイテムとなった。折しもジャズ・エイジ。クリスタルビーズやスパンコールが全
身に刺繍された、すとんとしたシルエットのフラッパー・ドレスは、時代の雰囲気にぴったりだっ
た。非対称な裾のカットは、まさにダンスするためにデザインされたもの。モダン好きなシャネルの
特別な顧客たちはダンスフロアで、ドレスに刺繍されたガラスビーズをきらめかせながら、終わら
ないパーティーを楽しむようになる。

PABLO PICASSO
パブロ・ピカソ

年代：1922年

引き合わせた人：ジャン・コクトー、ピエール・ルヴェルディ

ピカソとシャネル。2人共、20世紀の始めに、それぞれの専門分野に現代的要素を取り入れ、革命を起こしたイノベーターだ。どちらも強烈な個性とモダニズムに対する明確なヴィジョンを持ち、ピカソは抽象画家として、シャネルはクチュリエールとして、絵画とファッションにはかりしれない影響を与えた。

共通の友人ピエール・ルヴェルディによって引き合わされると、2人は友人となり、数々の舞台の仕事を協力してこなすようになる。初めて一緒に仕事をしたのは、1922年に上演されたジャン・コクト

ーの『アンティゴネ』だ。コクトーが前衛的な解釈で挑んだこの舞台で、ピカソは装置を、シャネルは衣装を担当。戯曲そのものの評判はさほどよくなく、俳優がつけた仮面と盾（ピカソの斬新なデザインだった）も酷評されたが、衣装デザイナーとしてデビューを飾ったシャネルは、批評家たちから絶賛を浴びた。

シャネルは後に文筆家マルセル・ヘードリッヒ（シャネルの伝記を執筆）に、ピカソについて「すっかり虜にされた」が「極度の恐怖」も感じていたと語っている。「ストラヴィンスキーのためにピカソが作成した舞台セットを見てすっかり困惑したの。私には理解できなかったし、どこが美しいかもわからなかった」。

ピカソは女性関係が派手だったことで知られ、「女性には2種類しかいない。女神かドアマット（都合のいい女）のどちらかだ」という言葉を残している。

そのピカソに芸術センスを認められたシャネルは、どちらのカテゴリーにも当てはまることなく、一生彼の友人であり続けた。

MAKE-UP
メイクアップ用品

年代：1924年
手がけるようになったきっかけ：シャネル自身の美への欲求
要点：初のメイクアップライン発表。メイク用品にもシャネルのロゴが

シャネルが発表してきた革新的アイテムの多くは、彼女自身の欲求や願望から生まれている。若い頃から、シャネルは他の女性とは違う外見作りを意識的に心がけてきた。ボブカットの黒髪、強烈な目の輝き、劇的なバーミリオン・レッドの口紅の女らしさで相殺するスタイルは、彼女によく似合った。やがて、そのマドモアゼル・シャネルのスタイルが、メイクアップライン発表によって世に広まっていく。

1924年、シャネルは彼女のトレードマークである赤い口紅の原型を発表。象牙色の優雅なケース

に収められていたが、すぐに製品そのものもパッケージも改良され、ロゴが1つ刻されたプッシュアップ形式のパッケージで販売されることに。同じ年、シャネルは初のメイクアップライン（フェイスパウダーと3色のルージュ）も発表した。

それまで上流階級の女主人たちが「青白い肌に複雑に結いあげた髪型こそ、自分で動く必要がない裕福な生活の象徴」と考えていたのに対し、積極的に体を動かし、ブロンズ色に輝く健康的な肌の美しさを身をもって示したシャネル。それでも何時間も太陽の下にさらされている肌を守らなければ、と自覚していたのだろう。1932年には、日焼け用品のコレクションも発表した。

1930年代以降、シャネルは顧客のニーズに応えて、香りのよい保湿オイルやボディ・パウダー、石鹸といったアイテムを追加している。シックな黒いケースに、一目でシャネルの製品とわかる白いロゴが刻されているメイクアップ商品は、どれも周囲から羨ましがられること間違いなし。しかも、どのアイテムにも最新の科学技術が駆使されている。

LE TRAIN BLEU
青列車

年代：1924年
場所：パリ、シャンゼリゼ劇場
協力者：ジャン・コクトー、パブロ・ピカソ、アンリ・ローラン
要点：シャネルは衣装デザイナーとしてこの戯曲に関わった

かつて、女優セシル・ソレルらの舞台衣装をデザインした経験があったシャネル。1922年の『アンティゴネ』（ジャン・コクトーが前衛的な解釈をしたギリシャ悲劇）でも衣装デザインを担当し、批評家たちから絶賛された。

2年後、今度はバレエ・リュスの作品、セルゲイ・ディアギレフの『青列車』の衣装デザインの依頼を受けることになる。バレエの中に登場する「青列車」は、パリを夕方出発してリヴィエラまで向か

う、当時裕福な乗客たちに人気の夜行列車だった。

1924年6月、『青列車』はシャンゼリゼ劇場で初演を迎えた。出演者がアクロバティックな動きやコンテンポラリーダンスで、テニスやゴルフ、海水浴を楽しむ、おしゃれに敏感な若い男女の姿を表現するのが話題の、新感覚の軽いタッチの作品だった。装置デザインはキュビズムの彫刻家アンリ・ローランが担当。舞台正面幕の原画には、ピカソの作品「浜辺を駆ける2人の女」が用いられた（描いたのは高い技術を持つ風景専門画家プリンス・シェルバシッツェ）。

今回シャネルは一から新しい舞台衣装を生み出すのではなく、むしろブティックの顧客に提供しているスタイリッシュなスポーツウェアを衣装として用いることに。

ニット製の水着、ボーダー柄のセーター、ローウェストのワンピースなどをコスチュームとして男女の踊り手に着せるというすばらしい試みだったが、残念ながら、踊るための衣装ではなかった。緩いフィットのデザインだったため、踊り手たちは適切な動きをするのが難しかったのだ。

シャネルは、テニスのフランス人名選手、スザンヌ・ランランが常にヘッドバンドを巻いていたのを参考に、この舞台では踊り手ブロニスラヴァ・ニジンスカのために優美なヘッドバンドをデザインした。

"LE STYLE GARÇON"

"ラ・ギャルソンヌ"スタイル

年代：1925年から1929年
発祥の地：パリ
特徴：ショート・ヘア、少年っぽい体つき
アメリカでは「フラッパー」と呼ばれた

女性ファッションが刻々と変わりつつあった。その変化には、シャネルの影響が色濃く感じられる。直線的なシルエットの服をまとい、髪をショートにする新しい女性たちが現れたのだ。彼女たちは「ラ・ギャルソンヌ」と呼ばれるようになる。このあだ名は、1922年7月に刊行されて話題となったベストセラー小説『ラ・ギャルソンヌ』（ヴィクトール・マルグリット著）に由来する。
この小説の主人公、少女モニークは少年のような装いをし、髪を短いボブにカットし、たばこを吸って、自分なりの人生を生きようと決意する。明らかに、シャネルと重なり合う部分が多い。実際、彼女は

「これまでの慣習を打破し、女性の解放をうながしたい」という願望をもとに、デザイナーとして革新的スタイルを貫いてきた。だがシャネルの影響はそれだけにとどまらない。アール・デコの潮流（建築、工業デザインなどあらゆる装飾美術に新時代の美意識をもたらした一大ムーブメント）にも大きな影響を与えた。

シャネルは見栄えの悪い脇縫いを上手にカットし、直線的なデザインのワンピースを生み出した。これを着こなすために、女性はスリムであることが求められるようになり、ダイエットが流行するようになる。女性たちはこぞって、シャネルのような少年っぽい体つきになりたがったのだ。

狂騒の20年代。ヨーロッパでもアメリカでも、若者たちが戦争前の体制に反抗し、カクテルとダンスざんまいの終わりない日々を謳歌するようになる。シャネルがウェストミンスター公爵（1923年に出会った）と恋愛関係にあった事実もまた、ラ・ギャルソンヌたちに少なからぬ影響を与えた。

シャネルは公爵のスポーツジャケットやパンツといった装いを、女性に似合うようにデザインし直し、コレクションとして発表。ラ・ギャルソンヌ・スタイルをさらに世に広めた。

GARDENIA
ガーデニア

年代：1925年

生み出した人：ガブリエル・シャネル、
エルネスト・ボー

香り：クチナシ（ガーデニア）、ジャスミン、ミモザ

フレグランス市場の初進出によって、シャネルは簡単に成功を手にする才能の持ち主であることを証明した。シャネル N°5はまたたく間にベストセラーとなり、彼女は「新たな香水を生み出したい」という意欲に燃える。

1925年、シャネルが世に送り出した香水がガーデニアだ。遠くから音楽の調べが聞こえる月光の下、南仏の庭園で咲き乱れる花々をほうふつとさせ、五感をいやおうなく刺激する挑発的なキャッチコピー「若々しいガーデニア（Youthful Gardenia）」が広告に用いられた。

シャネル N°5と同じく、このガーデニアも、四角いガラス製ストッパーとスタイリッシュなラベルが特徴的でモダンなボトルを使用しており、香りの魔術師エルネスト・ボーによって調香された。グラースにある自分の研究所で熱心に仕事を続けていたボーは、シャネルのさらなるフレグランス開発を見据えて設立されたパルファン・シャネル社の、初代専属調香師に任命されている。

ガーデニアは、シャネルがこよなく愛した白ツバキの純粋さをコンセプトに生み出されたのかもしれない。白ツバキの花に香りはないが、人々を魅了する完璧な美しさがある。一方で、クチナシ（ガーデニア）は対称的で大きめの花びらがカメリアにそっくりだが、魅惑的な香りがする。フレグランスにするには、まさに最高の選択といっていい。フレッシュなフローラルの香りに、スイセン、ミモザ、クチナシがアクセントとなり、「花の蜜のようなフレッシュでセンシュアルな」フレグランスを楽しめる逸品だ。

THE LITTLE
BLACK DRESS
リトル・ブラック・ドレス

年代：1926年
スタイル：体にぴったりとしたシース・ドレス
素材：シルク・クレープ
愛用者：各界を代表する超一流のスターたち

　1926年10月、アメリカ版『ヴォーグ』誌は、シャネルが新たに発表した黒いシルク・クレープのドレスについて「現代女性にとっての制服になる」と評した。さらには、大衆の人気を集めた伝説の自動車、T型フォードを引き合いに出し、「このドレスはフォード車のようだ」というコメントも掲載。このドレスが、世界中の女性に求められる標準的な服になるだろう、と正確に予測した。

　ボートネックでロングスリーブのこのドレスは、肩からウェストにかけて深く窪ませたV型のプリー

ツしか装飾がなく、すとんとしたまっすぐなスカートは膝丈で、シンプル
を極めたデザインだ。シャネルが何気なく口にした「LBD」という名称
が世に広まり、その後も様々なバージョンのリトル・ブラック・ドレスが発
表されることに。黒一色で装飾の少ないこのドレスは、時代を超えた定番
となる。

シャネルは何にインスピレーションを受けてこのドレスを生み出したのだろ
うか。

明確な説明はされていないが、「恋人ボーイ・カペルを失った悲しみから」
または「ポール・ポワレ（注：当時の人気クチュリエ）の派手な色合いのド
レスに反発を示したかったから」という説がある。

派手なものを露骨に軽蔑していた彼女に対し、ポールはシャネルの控えめ
なミニマリズムを「安っぽい高級服（Poverty de luxe）」と皮肉を込めて
表現した。

シャネルは、昼夜問わず全てのシーンで使える黒いドレスを提案した最初のデザイナーだ。1910年
代後半から、ウールやマロケン（交ぜ織りのクレープ織地）でデイドレスを、また（光沢感の有無
を問わず）シルク・クレープやサテンでイブニングドレスを生み出した。どちらもよけいな装飾を必
要としない、シックなドレスである。

LA PAUSA

ラ・パウザ

年代：1928年

場所：コートダジュール、ロクブリュヌ・カップ・マルタン

建築家：ロバート・ストレイツ

客人：ジャン・コクトー、サルヴァドール・ダリ、ウェストミンスター公爵

1928年、シャネルは輝く地中海の海岸線に大きな土地を購入。太陽に照らされた壮大な景色のヴィラの建築を計画した。彼女は若い建築家ロバート・ストレイツを雇い、最初から思い描いていたプランを明確に伝えた。7つの寝室があるセントラル・ヴィラと、友人たちを招くためのゲスト・ヴィラを建てさせた。

少女時代をすごしたオバジーヌ修道院の慎み深い美しさを再現するために、シャネルはストレイツ

をその修道院へ行かせた。そうしてできあがったのが、別荘の玄関ホールのなかでもひときわ目を引く大きな石の階段だ。開放感のある中庭も、そこにあるアーチ型の窓も、オバジーヌの建物そっくりのできばえだった。

シャネルは要求の多い施主だった。ヴィラと庭園のデザインに関して、どんな細かな点であろうと、自分の判断を仰ぐようにストレイツに命じた。建設中は月1回、パリからモンテカルロまでの青列車に乗り、現場を訪れた。その結果、抑えめで柔らかな色調の、細部にまで彼女の美意識が感じられる、すばらしい別荘ができあがった。

シャネルがこの別荘で主催したパーティーはヨーロッパ中で話題になった。セルジュ・リファール（才能あるバレエダンサー、振付師）や、ジャン・コクトー、サルヴァドール・ダリ夫妻、そしてシャネルの恋人ウェストミンスター公爵が客人として招かれた。

彼女は1953年、ラ・パウザを売却した。

WHITE DRESSES
白のドレス

年代：1930年代
素材：シルク、サテン、チュール
きっかけ：ウォール街大暴落
要点：中性的なファッションから
女性的なファッションへ

1926年、リトル・ブラック・ドレスをファッション界の一大トレンドに押しあげたシャネルが次に
挑戦したのは、オバジーヌの修道服を連想させる「白」の可能性を追求することだった。彼女は
白という色彩の持つ純粋さにいち早く気づき、純白のイブニングドレスを完成させ、拍手喝采を
浴びた。
1946年には、ポール・モランにこう語った。「黒はすべての色に勝る、と私は語ってきた。白もそ

う。この2色には絶対的な美しさがあり、完璧な調和がある。舞踏会で白か黒を着せてみて。他の誰よりも人目を引くわ」

1929年のウォール街大暴落により、アメリカは大不況に見舞われたが、パリのデザイナーたちは逆に贅沢なコレクションを発表する機会に恵まれた。

1930年代初め、シャネルのコレクションの目玉は、白かクリーム色のサテン素材のイブニングドレス。白という色が持つ純粋さに、シャネル自身のポリシーであるシンプルさが相まって、彼女のイブニングドレスはドラマチックではあるが、決してけばけばしくなることはなかった。

ボディス（女性服の一種）の装飾的なリボン、背中のローカット。それが、この時期のシャネルのドレスの特徴となる。1930年代はフリルやレースなどを用いて、前よりやや女性的なスタイルに挑戦したが、同時代のエルザ・スキャパレッリのようにエキセントリックさは追求せず、常にシャネルらしいモダンなシンプルさを貫いた。その後のコレクションでも白はテーマカラーであり続け、1950年代半ばには、驚くほど魅惑的な純白のカクテルドレスのシリーズを発表した。

THE BRETON
ブレトン

年代：1930年代
参考にしたもの：作業服
要点：時代を超える魅力を持つ
ブレトンストライプ

シャネルの功績は数えきれないほどあるが、その1つがデザイナーとしての初期に、周囲で見かける仕事中の男性たちの作業服を、しゃれたデザインに作り変えた点だ。ブルターニュ地方のフランス海軍は、ブレトンストライプのシャツを新たな制服として正式に採用した。温かく、ボートネックですばやく身につけられ、隊員が誤って落水しても見つけやすい模様であることが理由だった。

　1930年の写真には、シャネルが初めてこのブレトンストライプのシャツを、ハイウェストのゆったりしたパンツに合わせた姿が残されている。ただ、彼女はもっと前からドーヴィルの漁師たちが着ているブレトンシャツに注目していた。1913年には、海辺でくつろぐための初の女性用プルオーバー・ブラウスを発表。頭からかぶるゆったりしたデザインのため、コルセットをつける必要がなく、顧客たちの間で大人気となった。

　その後も、シャネルはシックなブレトン（マリン）ストライプをテーマにし続けた。その代表とも言えるのが1917年のコレクション、さらに彼女が急進的な芸術家集団とコラボしていた1920年代のコレクションだ。

　パブロ・ピカソの写真には、アトリエでブレトンストライプのシャツを着て制作に打ち込んでいる姿が多い。これほど早い時期から、クリーム色と目の覚めるようなネイビー色が最強の組み合わせだと見抜いていた点もまた、シャネルの大きな功績の1つといえるだろう。

HOLLYWOOD
ハリウッド

年代：1931年
場所：カリフォルニア
要点：シャネルはハリウッド映画3作品の衣装デザイナーを務めた

1929年のウォール街大暴落の後、ハリウッドの敏腕プロデューサー、サミュエル・ゴールドウィンはシンプルだが金のかかる計画を打ち立てた。何百万人ものアメリカ人が職を失った時代に経費を切り詰めるのは誤りだと思い、より贅沢な現実逃避の世界を作ろうともくろんだ。「もし最も有名なパリのデザイナー、シャネルを衣装デザイナーとして招くことができれば、自分の映画の主演女優たちにも洗練された魅力が加わるだろう」と考えたのだ。
ゴールドウィンは共通の友人であるドミトリー・パウロヴィチ大公を通じて、まずモナコでシャネルとの初顔合わせを実現。その後、ゴールドウィンの熱心な説得により、とうとう根負けしたシャネル

は年間100万ドルのギャラを払うという条件で同意し、映画業界へ初進出した。

1931年、ミシアを連れてロサンゼルスのユニオン駅に到着した彼女を待ち受けていたのは、盛大な歓迎式だ。出迎えた中にはグレタ・ガルボやマレーネ・ディートリッヒもいた。シャネルは衣装デザインのためにアメリカに滞在し自分のビジネスをおろそかにするつもりはない（つまり女優たちにパリへやってきてほしい）と主張し、ハリウッドのシステムに迎合する気はないと明らかにした。

結局、シャネルが衣装デザインを担当した3本の映画（1931年『突貫勘太』、『今宵ひととき』、1932年『仰言ひましたわネ』）は大ヒットにはつながらず、彼女とハリウッドの関係は長続きしなかった。だがグロリア・スワンソンのためにデザインした衣装は高い評判を呼び、その後もシャネルとゴールドウィンの友情は続いた。

BOWS
リボン

年代：1930年代
素材：グログラン、サテン、シルク
要点：シャネルは男性的なデザインに
リボンで女性的なタッチを加えた

初期の段階で、大胆なカットによる男性的なデザインで高い評判を得たシャネル。
だが、装飾的なリボンをあしらって女性的なタッチを加える工夫も常に忘れなかった。ギャラリー・
ラファイエットで買い求めた、あっさりしたブレトンシャツの背中に、シンプルなグログランのリボン
飾りをつけることで、派手なベル・エポック・スタイルとは違う路線を生み出した。
1908年、エティエンヌ・バルサンが所有するロワイヤリュ城で撮影された写真で、シャネルは7分丈
のクロップドパンツにあっさりした白いシャツを合わせ、首にシンプルな黒いリボンテープをゆった

りと巻きつけている。1950年代に発表した、
美しいリボンがついたジャージー・スーツをほうふつとさせるスタイルだ。
シャネルのファッション・アイコンとしての名声と影響力が高まるにつれ、リボンはハウス・オブ・シャネルの代表的モチーフの1つとなっていった。
1930年代、シャネルはコレクションで、様々なフォルムのリボンをモチーフにしたイブニングドレスを発表し、世間を驚かせた（アクセントとしてボディスにあしらわれる場合もあれば、大きくV字型にカットされた背中のラインを強調するために用いられる場合もあった）。
かっちりした印象のコットンピケ素材のスーツにブラウス、可愛らしいボウタイを合わせるシャネルの手法は、1960年代のクラシック・ツイードスーツとシルクブラウスの組み合わせで、不朽のものとなった。
1932年、シャネルが手掛けた最初にして生涯唯一のハイジュエリー・コレクション「ダイヤモンド・ジュエリー」でも、このリボンという時代を超えたテーマは、人々を魅了する優美な作品として登場した。

PAUL IRIBE
ポール・イリブ

年代：1931年
職業：イラストレーター、舞台セットおよび衣装デザイナー
シャネルとの関係：未来の夫

50歳になったシャネルは、世界で最も有名なデザイナーとなっていた。同時に「ついに結婚か？」という噂の渦に巻き込まれてもいた。噂の相手は、フランス人ポール・イリブだ。シャネルと同世代のイリブは、イラストレーターとして長く活躍していた。23歳にして風刺紙『目撃者』を創刊し、その実力が話題となり、当時人気だったポール・ポワレの目に留まる。1908年、ポワレから、彼のファッション図鑑『ポール・イリブが語るポール・ポワレのドレス』のデッサンを任せられ、仕事ぶりが高く評価された。

イリブはこの後ハリウッドへ渡り、今度は衣装デザイナーとして、伝説的な映画監督セシル・B・デミルの何本かの映画に携わるようになった。

1931年、イリブはミシア・セールと懇意にしている芸術家集団の1人としてシャネルに紹介され、「ダイヤモンド・ジュエリー」で一緒に仕事をすることに。この仕事で、イリブは彼女のアイデアを完璧なデザインとして立体的に描き出した。「ぽっちゃりしたバスク人」(ポール・ポワレの言葉)で、政治の好みが極端に偏っていたイリブは、シャネルの好みのタイプではない。でも2人は情熱的な関係になり、彼女はイリブと幸せな暮らしを続けたいと願うようになる。

1935年8月、ラ・パウザでくつろぐシャネルを訪ねた日、イリブはテニスの最中に心臓発作を起こしてその場に倒れ、死亡した。

またしても愛する男性を失った悲劇から、シャネルが立ち直ることはなかった。

BIJOUX DE DIAMANTS

ダイヤモンド・ジュエリー

年月：1932年11月
場所：フォーブル・サントノーレ通り
シャネルにとっての意味：ダイヤモンドを使った初のハイジュエリー・コレクション
要点：シャネルはこの展示会の入場料収益を寄付

コスチューム・ジュエリーやイミテーションパールをスタイリッシュに使うことにかけて、シャネルに並ぶ者はいない。そんな彼女が50歳近くになって、初のハイジュエリー・コレクションを自身のアパルトマンで発表したときは、だれもが驚いた。

世界大恐慌で不況の嵐が吹き荒れる中、ロンドン・ダイヤモンド商業組合から、ダイヤモンドの魅力をよみがえらせてほしいという依頼を受け、シャネルはこのハイジュエリーを制作する事に。フラ

ンス人デザイナーのポール・イリブの協力を受け、5つの時代を超えたテーマ（フリンジ、リボン、フェザー、太陽、星）を見事に具現化した。プラチナとホワイトダイヤモンドをふんだんにあしらい、留め金を目立たなくデザインすることで、自由に形を変えられるジュエリーも。ネックレスとしても身につけられるティアラや、ヘアクリップとしても使えるイヤリングなどには、シャネルの際立った独自性が感じられる。

かの有名なコメットのネックレスもこの展示会で発表。留め金が一切なく首からかけられたそのフォルムは、夜空に美しい尾を描くまばゆい彗星そのもの。

高価なジュエリーを守るため、武装した警備員が常駐する中、「シャネルが生み出したコレクションを一目見たい」と、予想をはるかに上回る人々が訪れ、2週間の会期中、数千人もの観客を動員した。シャネルは入場料20フランの収益を、2つの慈善団体に寄付した。

MARLENE
DIETRICH

マレーネ・ディートリッヒ

年代：1933年
際立った特徴： 性別を超越したスタイル
身につけたシャネルのアイテム：
サージウールのパンツスーツ

　　　　1930年代、ファッションと美のトレンドを牽引したのは、銀幕に登場する魅力たっぷりのハリウッド・スターたちだ。その1人が高い頬骨と細い眉を持つ、ドイツ生まれの女優マレーネ・ディートリッヒ。性別を超越した個性的なスタイルを開拓した。宣伝写真ではメンズウェアを着こなすことが多く、『暴君ネロ』（1932年作品）のプレミア試写会には紳士用タキシードを身につけ、ウィングカラーのシャツにボウタイを合わせ、ソフトな中折れ帽にマニッシ

ュなブローグ・シューズ姿で登場している。

ハリウッドの凝り固まったジェンダー観に挑戦したディートリッヒは、メンズアイテムを参考に、それまでになかった美しい女性服を次々とデザインし、世間をあっといわせたシャネルの姿と重なる。肩幅が広くヒップがほっそりとしたディートリッヒには、シャネルがあつらえたスーツがよく似合った。

1933年、彼女は初めてシャネルの服を着た。灰色のパンツスーツで、シングル・ジャケットの下に抑えた色調のタートルネック・セーターを合わせ、ベレー帽をかぶった姿は素晴らしくモダンであった。ディートリッヒとシャネルは、この時代の牽引役だった。多くの人が憧れるロールモデルとなり、性別を超越したファッションスタイルを世に広め、女性たちに優雅かつ実用的な装いをするようにうながした。

映画スターでもあり、トレンドセッターでもあったディートリッヒ。当時、複数の百貨店が「マレーネ風マニッシュ・スタイル」と銘打った広告キャンペーンを繰り広げたことからも、彼女の影響力の大きさがうかがえる。

THE RITZ
ホテル・リッツ

年代：1935年
場所：パリ、 ヴァンドーム広場
要点：シャネルが長年暮らし、息を引き取ったホテル
愛用した有名人：マルセル・プルースト、アーネスト・ヘミングウェイ、
F・スコット・フィッツジェラルド

ホテル・リッツ。パリの中心に位置し、ヴァンドーム広場と凱旋門を見おろす世界で最も豪華なこのホテルは、シャネルがセカンドハウスとして30年以上利用してきた場所でもある。1935年から40年まで、彼女はこのホテルの3階にあるスイートルームに宿泊し続けた。すぐ近くには自身の店舗があり、その階上に贅を凝らしたアパルトマンを所有していたが、そこでは一度も眠らなかった。アト

リエでの長い1日を終えると、通りを横切ってすぐの場所にあるホテル・リッツへ向かい、カンボン通りに面した裏口から3階にあるスイートを目指した。ベッド脇の化粧台には、特に大切にしていたはさみが置かれていた。

このホテルのダイニングルームで、シャネルは毎晩同じテーブルの席についた。

周囲にすぐ彼女だと気づかれ噂される席だったが、ホテルに到着する他の客たちをつぶさに観察できる席でもあった。

第二次世界大戦中、ドイツ軍がパリを占拠したにもかかわらず、ホテル・リッツの経営者は営業を続けた。ドイツ軍の高官たちは意外にもそれを受け入れ、ヴァンドーム広場側の部屋には自分たちを泊まらせ、カンボン通り側には民間人たちを泊まらせることを許可した。ドイツ軍のパリ侵攻にともない、シャネルも最初は避難したがすぐに戻ってきて、エッフェル塔にハーケンクロイツの旗が掲げられているのを目の当たりにする。

このホテルのスイートルームもすべて、ドイツ軍に独占されていたが、彼女は少しも慌てず、いつもよりグレードが下の小さな部屋への宿泊を同意。

戦争終結まで、カンボン通り側にあるその部屋に滞在した。

THE MALTESE CUFF
マルタ十字架のカフブレスレット

年代：1937年
素材： 鮮やかな色彩のバロックストーン、エナメル
デザインした人：ガブリエル・シャネル
（フルコ・ディ・ヴェルデュラの協力を得て）

フルコ・サントステファーノ・デラ・チェルダ（「フルコ」という愛称が一般的）は、シャネルの最も有名なジュエリーを手がけたことで知られるシチリア人公爵だ。
シャネルとフルコは共通の友人である雑誌編集者ダイアナ・ヴリーランドと作曲家コール・ポーターに引き合わされた。ビザンチン美術をこよなく愛する2人は意気投合。
2人とも、サン・ヴィターレ聖堂（イタリアの古都ラヴェンナ）に残る、皇后テオドラが描かれたモザ

イク画が特にお気に入りだった。

シャネルもフルコも、控えめであっさりしたデザインの由緒正しい高価な貴石類よりもむしろ、大粒の半貴石の大胆なまばゆさを好んだ。

写真の中で、シャネルはほぼいつも両腕にがっちりしたカフブレスレットをつけている。これらはすべて、彼女のリクエストによりフルコがデザインした個人的コレクションだ。

マルタ十字架のカフブレスレットは、オバジーヌ修道院の石床をはじめとする様々な建築的特徴がモチーフとなっている。使い込んでいくうちに、ホワイトエナメルの部分がはがれたり傷ついたりして、左右の表情が微妙に異なってくる。貴石や半貴石（半球型にカットされたエメラルドやトパーズ、シトリン、トルマリンなど）の配列が微妙に違うのも味わい深い。

マルタ十字架をモチーフにデザインされた、白と黒だけのカフブレスレットは、ハウス・オブ・シャネルを代表する1品となった。「おしゃれな顧客たちに、コスチューム・ジェエリーを楽しんでつけてほしい」というシャネルの熱意が感じられる作品だ。

GYPSY
STYLE

ジプシースタイル

年代：1939年

素材：シルク、コットン、レーヨン

色：赤、白、青

要点：シャネルはランジェリーを
アウターウェアにした

戦争による脅威がヨーロッパ中に重苦しくのしかかる中、シャネルは毅然として愛国心を示し続け
た。コレクションで、3色旗の鮮やかな色彩を用いたジプシースタイルを発表し、世間をあっといわ
せたのだ。彼女が今回作りあげたのは、先が見えない不安な時代から現実逃避できるようなロマ
ンチックな世界だ。

そこでは、社交界にデビューを果たした女性たちが最高峰の舞踏会で、髪にバラの花を飾って踊り
明かしている。しかも身につけているのはジプシーのドレスだ。

このドレスに表現されているのは、人々が屈託なく純粋に笑ってすごせたよき時代である。

少し前まで、フリルやレース飾りを極力排したシンプルなデザインが、シャネルの代名詞だった。そんな彼女がこのコレクションで、クリノリン（注：針金などを輪状にして重ねた骨組みの下着）を使ってスカートをふんわりとさせ、たっぷりしたパフスリーブの華やかなイブニングドレスを発表したことは、モード界に大きな衝撃を与えた。

普段の抑えめのシックな色遣いとは異なり、目にも鮮やかなトリコロールカラーのジプシー・スタイルのドレスは、ロマンチックな魅力にあふれている。

ショート丈のボディス、動くたびに裾がこすれる音がするレースたっぷりのスカートで、新機軸を打ち出した。常に恐れることなく、新しいものを生み出そうとするシャネルの熱意が感じられる。

シャネルはこのコレクションで、下着デザインの技術を応用。イギリス刺繍を施したキャミソールの上に、ハイネックの透けて見えるチュールを重ねることで、わざとキャミソールが見えるようにした。この大胆さと恥じらいの境界線をあいまいにするデザインにより、シャネルはファッションの開拓者であることをまたしても証明した。

MARILYN MONROE
マリリン・モンロー

年月：1952年4月
状況：雑誌『ライフ』のインタビュー
有名な一言：「寝るときに身につけるのはシャネル N°5を数滴だけ」
要点：モンローの一言により、シャネル N°5の売上が世界中で急増

ハリウッドで1番セクシーなブロンドの女優と、パリで最もシックなデザイナーがコラボしたら…、
それは最高の組み合わせだ。
1952年4月、マリリン・モンローは雑誌『ライフ』の表紙を飾った。この頃はまだか弱さが魅力の駆
け出しの女優で、セックスシンボルとして世界中に知られる前だった。

『ライフ』誌の「ハリウッドについて語る」という記事で、記者から「マリリン、ベッドで寝るときは何を着ていますか?」と質問され、彼女は「寝るときに身につけるのはシャネル N°5を数滴だけ」と答え、シャネルのフレグランスを好んで使っている事実を初めて明かした。数年後、雑誌『モダン・スクリーン』で、モンローはベッド脇のテーブルにシャネル N°5を置き、サテンのシーツに身を包んだ誘惑的なポーズを取っている。

1955年、モンローは演技の幅を広げるため、ハリウッドからニューヨークへ移り住み、そこでの暮らしぶりを報道写真家エド・フィンガーシュに撮影させた。地下鉄の駅に立っていたり、街角のデリでコーヒーを飲んだり。リラックスした自然体のモノクロ写真の中に、外出前にドレスアップした彼女が、恍惚の表情を浮かべて頭をのけぞらせている1枚がある。胸に掲げられているのはシャネル N°5のボトルだった。

この名ショットの魅力は、歳月を経ても色あせることがない。

何十年経った今でも、多くの新聞雑誌に掲載され、モンローとシャネル N°5という最強の組み合わせの魅力を伝え続けている。

CHAINS
チェーン

生み出されたきっかけ：シャネルの若い頃の記憶
素材：金箔、真鍮（しんちゅう）
使用された目的：見た目の華やかさと上質な機能性の両方を叶えるため

シャネルの代表的モチーフをたどると、自然と彼女の若い時代の記憶をたどることになる。コレクションのテーマとして、特に繰り返されたモチーフがチェーンだ。服の装飾にあしらわれる場合もあれば、バッグなどを使いやすくするために用いられる場合もあった。稀代のスタイリストとして、自らファッションの手本を示すことで、いとも簡単に顧客たちに大きな影響を与えてきたシャネル。チェーン使いもその例外ではない。

1937年、シャネルはドイツ人写真家ホルスト・P・ホルストの前でポーズを取り、実にロマンチックな1枚を残している。サテンの肘掛け椅子にゆったりと座り、片方の肩から大ぶりの金のチェーンを垂らしたショットだ。

その後も、自らデザインした優美なスーツのウェスト回りに金のチェーンを巻きつけたり、チェーンストラップから鍵やメダルを吊り下げたり。これは、彼女が少女時代にすごしたオバジーヌ修道院の修道女が締めていたベルトを思い起こさせる。

「2.55」は、革ひもを編み込んだ金のチェーンをつけることで、実用的で使いやすい工夫が凝らされたハンドバッグだ。このチェーンストラップは、かつてシャネルが楽しんでいた乗馬の馬勒と馬を引くハーネスや、ロワイヤリュ城の馬屋でときをすごしていた若く幸せな時代を連想させた。

シャネルは古くからの友人に、「小さな頃、スカートの裾を床に引きずらないためにメタルチェーンをつけていたわ」と語り、さらに「私がチェーンを好きな理由はそこにあるの」と話している。そのずっと後、シャネルはこれをヒントに、ジャケットやスカートの内側に目立たないよう小さなチェーンをつけることで、完璧なシルエットを保つ工夫をした。

THE SUIT
スーツ

年代：1954年
当時の愛用者：グレース・ケリー、
エリザベス・テイラー、ジャクリーン・ケネディ
現在の愛用者：アンナ・ムグラリス、
ペネロペ・クルス、ソフィア・コッポラ

シャネルはかなり若い頃、すでにドーヴィルで、ゆったりとしたカーディ
ガン・ジャケットにすとんとしたスカートという、着やすくておしゃれな
スーツを生み出していた。

でも真の意味で「定番」となるエレガントなスーツをデザインしたの
は、70歳でカムバックしたときだった。

女らしさを強調し体を締めつける、クリスチャン・ディオールのニュールックが大成功を収めるのを見て、シャ
ネルは怒りにも似た怖れをつのらせた。

1954年、カムバック・コレクションで発表したクラシック・スーツには、彼女の婦人服に対する基本姿勢（「着

心地のよさが第一」)が強く感じられる。

バランスの取れたシルエットも、実用性と着心地のよさも、以前と変わらずそのま
まだったが、前にもまして仕立てに細心の注意が払われるようになる。

異なる素材、ボタンや紐や裏地など、細部までこだわることで、シャネルにしか生み
出せない個性的な、しかも完璧なデザインのスーツができあがった。

そういったシャネル独自の創造性に最初に気づいたのは、アメリカ人女性だ。

彼女たちは、シャネルのスーツを「どんなシーンにも着て行ける現代女性の制服のよう
なもの」ととらえた。実際、ジャケットは柔らかくゆったりとしていて、袖ぐりもちょうど
いいフィット感のため動きやすかった。それもそのはず。シャネルは完璧な袖部分を
仕上げるために、何時間もかけて手直しを繰り返していたのだ。

ほとんどのスーツで、シルク・ブラウスとジャケットの裏地は同じ生地で作られた。

襟のないネックラインはシンプルなモダンさを感じさせる。ポケットはただの装
飾ではなく、実用性も考えてつけられた。人目を引く金ボタンは、完璧に仕立
てられたボタンホールにぴったり。ジャケットの裾飾りにはブレードがあしらわ
れ、袖や襟、ポケットにも同じ飾りが用いられる場合もある。スーツにはすべて、ジャケットが落ち着くよう裏
地の裾にチェーンがつけられていた。

細部に工夫を凝らした代表的スーツを生み出すことで、シャネルはモード界に君臨する女王の座を不動
のものにした。

2.55 HANDBAG
「2.55」ハンドバッグ

年月：1955年2月
素材：金のチェーンストラップ、キルティングされたレザー
所有者：アナ・ウィンター、フィービー・ファイロ、ソフィア・コッポラ

オートクチュール・デザイナーのハンドバッグが、そのブランドのイメージを決定づける。今では当たり前の概念だが、シャネルはそんな概念などなかった時代に「2.55」を創り出した。しかも、それまで披露してきた数多くの革新的デザインと同じく、このハンドバッグも「日々の問題を解決したい」というシャネルの個人的な願いから生まれた。「手に持っていたバッグをなくしてしまうのは、もううんざりだわ」そこで、肩からかけられる長い革ひもを編み込んだ金のチェーンとターンロック（いわゆる「マドモアゼルロック」）をつけたのだと、シャネルは説明した。これならなくす心配はな

い。バッグの中も、いくつかの収納部分にしきられている（シャネルが手放すことのなかった赤いルージュをしまうためのしきりもある）。まさに現在のハンドバッグに不可欠な特徴をすべて兼ね備えたバッグなのだ。

「2.55」は、1955年2月の発売日にちなんで命名され、その数字が神秘的な雰囲気をかもし出している。過去のシャネル自身のスナップショットを参考に、素材として選ばれたのは、柔軟さとしなやかさを併せ持つラムスキンだった。

キルティングされたレザー、つまりマトラッセは、馬屋番しかキルト素材を着なかった時代、エティエンヌ・バルサンの領地で学んだ乗馬への愛を示していると言われていた。磨き込まれた光沢あるレザーや、ショルダーストラップに使われた革ひもを編み込んだ金のチェーンも、馬勒とハーネスを思い起こさせる。深みのあるバーガンディ色の裏地は、オバジーヌ修道院の修道衣を参考にしたといわれている。

シャネルは3種類の異なるサイズのハンドバッグを創り出した。どのサイズもソフトレザーが用いられ、普段着にもシルクジャージーのイブニングドレスにもぴったりだ。

TWO-TONE SHOES
バイカラー・シューズ

年代：1957年

素材：キッド革、ブラックサテン

スタイル：バイカラー、スリングバック

愛用者：ジーナ・ロロブリジーダ、ロミー・シュナイダー、カトリーヌ・ドヌーヴ

かの有名な、シャネルのツートンカラーのスリングバックのパンプスが発表されたのは1957年のコレクションだ。だが写真を見ると、それ以前にも彼女がバイカラー・シューズを履いていたのがわかる。

1937年、セルジュ・リファール（バレエ・リュスのプリンシパル）と一緒にいるショットで、シャネルはつま先だけ黒の淡い色のサンダルを履きこなしている。

これまで生み出してきた数多くの革新的アイテムと同じく、バイカラー・シューズも「シンプルな美しさと実用性を兼ね備えた靴がほしい」というシャネルの思いから生まれた。柔らかなキッド革のパンプスは傷や汚れがつきやすいが、つま先に黒い色をあしらったことで目立たなくなり、長く愛用できる。名靴職人レイモンド・マサロ（当時ハウス・オブ・シャネルの靴を製作）の手助けを得て、シャネルはやや角張った黒いつま先には足を小さく見せる効果が、全体に溶け込んだベージュには足を長く見せる効果があることに気づいた。

1950年代はスティレット・ヒールが大人気だったが、シャネルはあくまで履き心地のよさにこだわった。ヒールは歩きやすい高さ（6センチ）にして、サイズやストラップの幅を選べるようにした。美しさを引き立てると同時に、疲れにくさと歩きやすさという高い実用性も実現した。

1930年代、シャネルの英国貴族の友人たちはゴルフをするとき、黒白のコンビになったウィングチップ・シューズを履いていた。そのイメージに触発され、彼女はこのバイカラー・シューズを生み出したのかもしれない。

ELIZABETH TAYLOR
エリザベス・テイラー

年代：1960年代
愛用したシャネルのアイテム：
ブークレ・ツイードスーツ、ハンドバッグ
要点：世界的に有名な女優もシャネルのアイテムを愛用

1954年のカムバック・コレクション以来、デザイナーとしてのシャネルの人気は急上昇。最高の装いを求める女性たちが「シャネルのスーツを着てシックなオーラを身にまといたい」と考え、世界中から彼女のメゾンを訪れるようになる。特に大きかったのは、エリザベス・テイラーが世界有数のデザイナーの中からシャネルを選び、カンボン通り31番地の本店を定期的に訪れるようになったことだ。1960年代初め、テイラーは全身シャネルを着こなした姿で、4番目の夫エディ・フィッシャーとのツーショットをよく撮影されていた。

優美極まりないクラシカルなスーツに「2.55」ハンドバッグ、カンカン帽。世界的な映画スターにとってもこれ以上にステイタスを上げる物など無かった。

シャネルとテイラー。2人に共通点はほとんどない。シャネルは淡い色彩を好み、仕事面はもちろん、食生活面においても自分を厳しく律した。一方のテイラーは私生活を見てもわかる通り、情熱のおもむくままに生きた。ファッションに関しても、大胆で鮮やかな色遣いを愛し、派手な服装や人目を引くジュエリー類を好み、服と合わないちぐはぐなアクセサリーをつけても気にしなかった。

シャネルは「少ない方が豊かである」「女性は外出前に鏡をよく見て、不要なアイテムを1つ外すべき」と考えたが、テイラーはまったく異なる考え方の持ち主だった。

高価なジュエリー類が大好きであることを堂々と態度で示し、飾りすぎではないかと思うほど多くの指輪やブローチ、ブレスレットを身につけ、帽子にまでジュエリーをあしらった。

そんなテイラーがシャネルのシックなデザインを自分なりに身につけることで、新たな魅力を発揮するようになった。

JACKIE KENNEDY
ジャクリーン（ジャッキー）・ケネディ

年月日：1963年11月22日
着ていたもの：ピンク色のシャネルのスーツ
場所：テキサス州、ダラス
功績：シャネルのスーツを着たファーストレディとして
世界中で報道された

1955年から58年にかけて、ミセス・ジョン・F・ケネディもまた、カンボン通りにあるシャネルのメゾンへ足しげく通った1人だった。
アメリカ大統領の妻になってからはもちろん、自国アメリカのデザイナーの服を身につけることを期待されていたが、すでにシャネルのスーツはハイクラスで優美な装いとして国際的に認められていたため、公務のときにも身につけていた。

　1963年11月22日、ダラスに到着した大統領の隣で、妻ジャクリーン・ケネディは、カンボン通り31番地であつらえたシャネルのスーツを身につけていた。

　そのスーツを購入したのはジャッキー本人ではない。彼女のボディサイズを伝えにアトリエまでやってきた友人だった。

　1961年秋冬コレクションで発表されたそのスーツは、ジャッキーのお気に入りの1枚。すでに公式行事で何度か袖を通していたものだ。美しいピンク色のブークレ・ジャケットには、紺色のタフタ・トリミングと装飾的な金ボタンがあしらわれ、同色のスカートとピルボックス帽が合わされていた。

　リンカーン・コンチネンタルのオープントップ・リムジンに乗ったケネディ夫妻がダラス市内をパレードしているとき、何発かの銃声が鳴り響いた。

　大統領は即死。ジャッキーは夫の血がついたスーツの着替えをすすめられたが「犯人たちに見せるのよ。自分たちがジャックに何をしたかを」と断った。

　その日彼女が身につけていたスーツ、アクセサリー、ストッキングはそのままの状態で、アメリカ国立公文書記録管理局（メリーランド州）にある酸化防止の特別保存箱に保管されている。

COCO ON BROADWAY

ブロードウェイ・ミュージカル『COCO』

年月：1969年12月
場所：ブロードウェイ、マーク・ヘリンジャー劇場
舞台セットおよび衣装のデザイン：セシル・ビートン
公演回数：329 ステージ

1956年初めからすでに、舞台プロデューサーのフレデリック・ブリッソンはシャネルを主人公にしたミュージカルを作りたいと彼女に打診していた。その夢が実現するまで、その後長年に渡る交渉が必要だった。

長らくモード界から姿を消していたシャネルが1950年代初めにカムバックを果たした姿を描く、というのがミュージカル『COCO』のあらすじだ。台本・作詞アラン・ジェイ・ラーナー、作曲アンド

レ・プレヴィンという最高のスタッフが勢揃いしていたが、シャネルは華々しい成功を収めた人生の前半部分ではなく、後半に焦点を当てたストーリーである点に難色を示した。自分が主人公だというのに、衣装デザイナーがセシル・ビートンだという点にも納得がいかなかった。ミュージカル制作者側は、シャネルのオリジナルの衣装だと、ブロードウェイの舞台には地味すぎると考え、すでにアカデミー賞2回の受賞歴のあったセシル・ビートンに衣装デザインを依頼したのだ。ビートンなら、シャネル本来の魅力をいかしつつ、観客を喜ばせる驚きの要素を加えられるだろうと考えたからである。主演女優にはキャサリン・ヘプバーンが選ばれた。ビートンが作ったコスチュームを小粋に着こなしたが、舞台上ではダンスや歌を一度も披露せず、フランス語なまりのセリフも口にしなかった。

ミュージカル初日の夜、シャネルは主賓としてニューヨークへ行く約束をしていたが、最後の最後で辞退した。

作品そのものの評判はさほど高くなかったものの、多くの観客を動員し、約1年間のロングランを記録した。

CHANEL N°19

シャネル N°19

年代：1970年
調香師：アンリ・ロベール
成分：アイリスパリダ、メイローズ、ジャスミン
要点：シャネルの誕生日にちなんで名づけられた

1954年、エルネスト・ボーの引退後、1955年にシャネルの2代目専属調香師となったのがアンリ・ロベールだ。香水の町グラース出身のロベールは、コティ社の調香師として成功を収めた後、ボーのもとでシャネルのための香水作りを努めた。そしてついに専属調香師となった後、シャネルが最後に手がけ、彼女自身もつけていた香水（シャネル N°19）の開発の責任者になったのだ。

80歳代後半、シャネルは新たな香水を生み出す決心をする。彼女が今回生み出した香りには、独特の個性があった。N°5とは本質的にまったく異なる、刻々と変化する時代に訴えかけるような蠱惑的な香りだった。名前は、彼女の誕生日8月19日にちなんで名づけられた。香水ボトルはN°5に驚くほどよく似ているが、凛としたウッディノートは、優しさや温かみが感じられるN°5に比べると、大胆なほどに自らの意思を感じさせる。複雑なプロセスを経て生み出されるこの香りのメインとなるのは、アイリスの希少品種パリダを自社栽培し、乾燥させた根っこからわずかに得られる有用成分だ（この成分を得るだけで実に7年もの歳月がかかる）。そこに春のかぐわしい花々（メイローズ、ジャスミン、リリー・オブ・ザ・バレーなど）を含めることで、完璧なバランスの、フローラル・グリーン・ウッディ・ノートが生み出されている。ガルバナムのいきいきとしたグリーン・ノートと、アイリスパリダの優しいパウダリー・ノートとの対比は、まさに鮮やかとしかいいようがない。

この香水を発表した1年後、シャネルは息を引き取った。

爆発的に売れたN°5のように世間に強烈なインパクトを与えたわけではないが、N°19の個性的な香りは、いまも多くの顧客の心をつかんで離さない。

10 JANUARY 1971
1971年1月10日

場所：ホテル・リッツのベッドルーム
要点：この日から12年間、ハウス・オブ・シャネルは悲しみに沈むことに
永眠の地：スイス、ローザンヌ

60年に及ぶキャリアを通じて、シャネルは富と名声の両方を手に入れた。晩年は気にかける家族もなく、特別な感情を抱く男性も現れず、取り憑かれたように仕事ばかりしていた。
かたときもそばから離れない忠実な友人「ハウス・オブ・シャネル」に、自分のありったけの時間とエネルギーを注ぎ込んだ。かつて共に仕事をした仲間の多くがこの世を去り、シャネルはどんどん孤高の存在となっていく。カンボン通りにあるアトリエで、忠実なスタッフたちと週6日仕事をし、

夜は身の回りの世話をしてくれる執事とメイドが待つホテル・リッツのスイートに戻って就寝した。
高齢になってもなお、「コレクションでさらなる成功を収めたい」という野望が衰えることはなく、
若い頃と同じような仕事に対する厳しい姿勢を貫き通したのだ。

1971年1月10日、シャネルはホテル・リッツのベッドルームで、仕事のない日曜日に息を引き取っ
た。享年88歳。

葬儀はカンボン通りにほど近い荘厳なマドレーヌ教会で行われ、パリ・モード界を代表する人々が
参列し、その死を悼んだ。永眠の地はスイスのローザンヌ。墓石には5頭の獅子の頭の下に、ガブ
リエル・シャネルという名前、生没年だけがシンプルに彫られている。

シャネルは常に時代のアイコンであり続けた。彼女が今度はどんなスタイルを着こなすか、いかな
る新作を発表してモード界をあっといわせるか、世間は常に注目し続けたのだ。

没後50年経った今も、「20世紀最大のデザイナー」というシャネルの評価はけっして揺らぐことが
ない。

KARL LAGERFELD

カール・ラガーフェルド

年代：1983年

職業：デザイナー（これ以前、クロエ、クリツィア、フェンディで活躍）

功績：シャネルのアーティスティック・ディレクターを30年以上務めた

カール・ラガーフェルドはドイツ生まれのデザイナーだ。1983年、シャネルの仕事を始めたとき、彼は誰もが不可能だと思っている仕事を引き受けたことに十分気づいていた。

創業者を失って以来12年間、ハウス・オブ・シャネルはかつての勢いを失っていた。あれほど長い間トップブランドとして君臨し続けていたのは、シャネルがたった1人で、たゆまぬ努力を続けていたからにほかならない。その彼女亡き後、シャネルというブランドそのものが低迷していた。売上の多くを、定番アイテムであるツイードスーツに頼るしかなかったのだ（ラガーフェルド自身、『デイリ

ーテレグラフ』誌に「パリの医者の妻たちしか着ない」と語っていた）。それでもその職に就任した
のは、不可能と言われることにあえて挑戦してみたかったからだ。

こうしてラガーフェルドは、シャネルというブランド再興に着手し、新しい世代の女性たちにシャネ
ルのレガシーを伝え始めた。

1983年1月、カンボン通りにあるサロンで、ラガーフェルドが手がけた初のコレクションが発表され
た。シャネルの代名詞であるスタイルを大胆にアレンジし、彼女ならではのモチーフ（カメリア、キル
ティング、チェーン、パール、リトル・ブラック・ドレスなど）にもすべて「モードの皇帝カール」らしさ
をつけ加えた。ルレックス（ラメ糸）を織り込んだツイードスーツ、サイズの大きすぎるジュエリー、
特大リボン、遊び心たっぷりのチェーン。すべてがシャネルというブランド復活の布石となった。

ダブルCのロゴは、ムーンブーツからサーフボードに至るまで刻まれるように。

贅沢な生地素材はそのままに、短いスカートや非常に広い肩ラインで絶妙のバランスとシルエット
を生み出し、シャネルの従来のスタイルに活気を吹き込むことで、ラガーフェルドは新たに若い世
代のシャネル・ファンの開拓に成功した。

2019年、ラガーフェルドが85歳でこの世を去った後、後任としてヴィルジニー・ヴィアールがシャネ
ルのアーティスティック・ディレクターに就任した。